目　次

前　　言

本标准按照 GB/T 1.1—2009《标准化工作导则　第1部分：标准的结构和编写》给出的规则起草。

本标准附录A、B、C为规范性附录，附录D为资料性附录。

本标准由中国地质灾害防治工程行业协会提出并归口。

本标准起草单位：长安大学、西北综合勘察设计研究院、中国地质环境监测院、甘肃省地质环境监测院、西安财经学院、陕西省地质环境监测总站、山东大学、云南省地质环境监测院、陕西工程勘察研究院、陕西核工业工程勘察院、西北有色勘测工程公司。

本标准主要起草人：赵法锁、宋飞、吴韶艳、袁湘秦、徐张建、陈红旗、赵成、陈新建、唐皓、李青海、郝俊卿、范立民、向茂西、李术才、李稳哲、金有生、杨鲁飞、杨艳华。

本标准由中国地质灾害防治工程行业协会负责解释。

引　言

为规范地质灾害灾情调查评估工作，统一地质灾害灾情调查评估技术要求，保障地质灾害灾情调查评估工作质量，在及时、有效地进行防灾减灾的基础上，制定本标准。

本标准规定了地质灾害灾情调查评估原则、调查评估内容、调查评估方法、工作程序和调查评估报告撰写要求。

地质灾害灾情调查评估指南(试行)

1 范围

本标准适用于山体崩塌、滑坡、泥石流、地面塌陷、地裂缝、地面沉降等地质灾害灾情调查评估工作。适用于各级政府和国土资源主管部门及其他相关机构的地质灾害灾情调查评估工作。

2 规范性引用文件

下列文件对于本标准的应用是必不可少的。凡是注日期的引用文件,仅所注日期的版本适用于本标准。凡是不注日期的引用文件,其最新版本(包括所有的修改单)适用于本标准。

GB/T 24438.1—2009 自然灾害灾情调查标准 第一部分:基本指标

GB/T 18208.3—2011 地震现场工作

GB/T 30352—2013 地震灾情应急评估

GB/T 24335—2009 建(构)筑物地震破坏等级划分

DZ/T 0269—2014 地质灾害灾情统计标准

MZ/T 042—2013 自然灾害损失现场调查规范

3 术语和定义

下列术语和定义适用于本标准。

3.1

地质灾害灾情 loss of geological hazards

地质灾害对人类生命、财产和资源环境等造成的破坏及损失情况。

3.2

地质灾害灾情调查 geological hazards loss investigation

为获取地质灾害灾情信息而进行的考察和查证。

3.3

地质灾害灾情评估 geological hazards loss assessment

对地质灾害对人类生命、财产和资源环境等造成的破坏及损失情况进行评定的工作。

3.4

灾区范围 disaster influence scope

地质灾害直接和灾害链间接造成人员伤亡、建(构)筑物损害、环境破坏的区域。

3.5

地质灾害灾情等级 grade of geological hazards

表征地质灾害造成人员伤亡和直接经济损失的程度。

3.6

地质灾害直接经济损失 direct economic loss of geological hazards

地质灾害造成的房屋和其他建(构)筑物、设施、设备、物品等物项自身价值降低或丧失的总量。

4 总则

4.1 调查评估目的

获取准确可靠的地质灾害灾情数据和信息,确定灾区范围和灾情等级,为防灾减灾、灾后救助和恢复重建提供依据。

4.2 调查评估原则

地质灾害灾情调查应及时、准确、全面、客观,调查方法手段应先进、适宜、安全,灾情评估要快捷、准确、客观、公正,保证调查评估结论的时效性、可靠性、规范性和权威性。

4.3 调查评估内容

地质灾害灾情调查评估主要包括以下内容:

a) 人员伤亡情况。
b) 房屋损失情况。
c) 居民家庭财产损失情况。
d) 农林牧渔业损失情况。
e) 工业损失情况。
f) 服务业损失情况。
g) 基础设施损失情况。
h) 公共服务系统损失情况。
i) 资源环境损失情况。
j) 灾情影响范围及灾情等级。

4.4 调查评估工作程序

4.4.1 准备阶段

a) 准备阶段包括组建调查评估小组、搜集灾区资料、制定现场调查方案。
b) 组建调查评估小组即选派和培训专业技术人员,制定调查纪律和调查注意事项。
c) 筹备供调查人员使用的技术装备和灾区资料。
d) 搜集灾区资料即通过查阅文献资料、专家访谈等形式,对灾区的地质环境背景和社会人文情况有初步的认识。
e) 制定现场调查方案即根据具体的地质灾害设计整个调查程序和调查方法。

4.4.2 调查阶段

a) 依据调查方案,采用规定的调查方法和信息获取手段获取灾情信息,并填写灾情调查表。
b) 调查方案可根据灾区的实际情况,及时调整。

4.4.3 整理阶段

对原始数据进行整理和审核，复核个别异常点，保证调查数据的真实性、准确性和完整性。

4.4.4 评估阶段

a) 根据整理后的数据，采用规定的评估方法，对地质灾害灾情进行评估。
b) 根据人员伤亡和直接经济损失情况，确定地质灾害灾情等级。

4.4.5 报告编写阶段

依据调查评估结果编写地质灾害灾情调查评估报告。

5 地质灾害灾情调查

5.1 灾区基本情况调查

5.1.1 灾区社会人文情况调查

调查灾区的社会人文情况，主要包括人口数量和年龄结构，房屋结构类型，农作物种植区域和面积，区域经济发展水平、产业结构和规模等信息。

5.1.2 地质灾害基本情况调查

调查地质灾害发生的时间、地点、类型、规模、数量、诱发因素等基本情况，按附录A要求填写。

5.1.3 灾区范围调查

a) 灾区范围包括地质灾害直接造成损失范围和灾害链造成损失范围。
b) 灾区边界根据地质灾害形成、活动和灾害链影响区域的自然边界确定。

5.2 地质灾害灾情调查内容

5.2.1 人员损失情况调查

a) 人员损失情况调查包括灾区内所有常住人口和非常住人口。
b) 调查内容应包括受灾人口、死亡人口、失踪人口、受伤人口、紧急转移安置人口、需过渡性生活救助人口，按附录B要求填写。

5.2.2 房屋损失调查

a) 房屋损失调查内容为灾区内所有房屋价值损失。
b) 房屋价值损失应调查房屋的结构类型、间数、户数、面积、损毁情况和各类房屋的重置单价。按照附录C表C.1的要求填写。
c) 房屋结构类型，参照GB/T 18208.3—2011附录A中的A.1，将房屋结构类型划分为以下几种：

——钢混结构：由梁和柱以钢接或者铰接相连接而构成承重体系的结构。
——砖混结构：由砖墙来承重，钢筋混凝土梁柱板等构件构成的混合结构体系。

——砖木结构：竖向承重结构的墙、柱等采用砖或砌块砌筑，楼板、屋架等用木结构构成的结构。

——土木结构：主要有竹子、木材、夯土、稻草、干草、土坯砖和瓦等构成的结构。

——其他结构：凡不属于上述结构的房屋都归于此类。

d) 房屋损毁程度划分为以下几种：

——一般损坏：因灾导致房屋多数承重构件轻微裂缝，部分明显裂缝；个别非承重构件严重破坏；需一般修理，采取安全措施可继续使用。

——严重损坏：因灾导致房屋多数承重构件破坏或部分倒塌，需采取排险措施、大修或局部拆除，无维修价值。

——倒塌：因灾导致房屋整体结构塌落，或承重构件多数倾倒或严重损坏，必须进行重建。

5.2.3 居民家庭财产损失调查

a) 居民家庭财产损失调查内容为灾区内的所有居民家庭财产损失。

b) 现场应调查受损生产性固定资产、耐用消费品和其他财产等的数量和单价，按附录C表C.2要求填写。

5.2.4 农林牧渔业损失调查

a) 农林牧渔业损失调查内容为灾区内所有种植业、畜牧业、渔业、林业和农业机械等的损失，按附录C表C.3要求填写。

b) 种植业损失应调查农作物的种类、农作物受灾面积、成灾面积和绝收面积，农业生产大棚的损毁面积及直接经济损失。

c) 畜牧业损失应调查死亡牲畜的种类、大小、数量，死亡家禽的种类、数量，养殖场（基地）受损数量及直接经济损失。

d) 渔业损失应调查受灾养殖面积、水产品直接经济损失以及养殖设施直接经济损失。

e) 林业损失应调查受灾、成灾和损毁的森林、苗圃良种繁育基地面积及直接经济损失。

f) 农业机械损失应调查损毁机械设备的种类、数量及直接经济损失。

5.2.5 工业损失调查

a) 工业损失调查内容为灾区内所有工业设施、工业原材料及工业产成品等的损失，按附录C表C.4要求填写。

b) 现场应调查受损厂房与仓库、设备、原材料和产成品等的规模、数量及直接经济损失等。

5.2.6 服务业损失调查

a) 服务业损失调查内容为灾区内所有批发与零售业、住宿和餐饮业、金融业、文化娱乐产业和其他服务业等经营性部分的损失，按附录C表C.5要求填写。

b) 现场应调查受损网点的数量、受损设备设施的数量及直接经济损失等。

5.2.7 基础设施损失调查

a) 基础设施损失调查内容为灾区内所有交通（公路和铁路）、通信、能源、水利和市政设施等损失，按附录C表C.6要求填写。

b) 公路损失应调查公路等级（包括国道、省道、县及以下道路）、公路损毁里程、客/货运站及服务区受损情况。

c) 铁路损失应调查铁路等级(包括高速铁路及普通铁路)、客/货运站等受损情况。

d) 通信设施损失应调查通信网、通信枢纽等受损情况。

e) 能源设施损失应调查电网、发电、油气等设施受损情况。

f) 水利设施损失应调查水利基础设施、人饮工程等受损情况。

g) 市政设施损失应调查市政道路交通、市政供水排水系统、市政供气供热系统、市政垃圾处理、城市绿地等受损情况。

5.2.8 公共服务系统损失调查

a) 公共服务系统损失调查内容为灾区内所有教育、科技、医疗卫生、文化、广电、体育、自然文化遗产和其他公共服务系统等公益部分的损失,按附录 C 表 C.7 要求填写。

b) 现场应调查受损机构的数量、受损机构的设施设备及直接经济损失。

5.2.9 资源环境损失调查

a) 资源环境损失调查内容为灾区内所有自然保护区、地质遗迹、矿产资源、环境污染等的损失,按附录 C 表 C.8 要求填写。

b) 现场应调查自然保护区、地质遗迹、矿产资源、环境污染等的损毁数量或面积。

5.3 地质灾害灾情调查方法

5.3.1 调查方法

a) 地质灾害灾情调查方式分为全面调查、抽样调查和重点调查。

b) 全面调查即对受灾区域某一受灾对象的破坏和损坏情况逐个进行调查的调查方式。对于死亡人口、失踪人口、受伤人口等特殊指标应采用全面调查。对于受灾区域较小且需要全面掌握受灾对象的破坏和损失情况时也应采用全面调查。

c) 抽样调查即按照抽选样本的方法从总体中抽取部分单位进行调查获得相关资料,以此推断总体的调查方式。受灾区域范围较大,调查时限要求较高,且需要调查推断总体损失情况时可采用抽样调查,例如大范围的农作物受灾、居民房屋受损。

d) 重点调查即针对受灾区域中的重灾区进行调查的方式。适用于调查总体同质性比较大的情况和对受灾对象有初步认识的情况。

5.3.2 信息获取方法

a) 地质灾害灾情信息获取方法分为目视识别、仪器测量、问卷调查、访谈调查、座谈调查和综合方法。

b) 目视识别应依据相关技术标准、专业知识、经验等通过直接观察获取灾害现场信息。

c) 仪器测量应利用专业仪器实地测量获取灾害现场信息。

d) 问卷调查应通过问卷的方式向被调查者了解灾害现场情况和征询意见。

e) 访谈调查应通过直接采访受灾人员、受灾影响人员、救灾人员等,获取灾害现场信息。

f) 座谈调查应在特定场所,与受灾区相关人员,围绕某一主题,通过开放式讨论获取灾害现场信息。

g) 综合方法应根据现场调查环境、调查对象类型、调查阶段特征等,选择以上多种获取信息手段相结合的方式来获取灾害现场信息。

6 地质灾害灾情评估

6.1 地质灾害灾情评估依据及等级

6.1.1 评估依据

地质灾害灾情等级评估应依据以下主要内容：

a) 人员伤亡。

b) 直接经济损失。

6.1.2 评估等级

地质灾害灾情等级，应根据人员伤亡和直接经济损失的大小，按表1划分：

表1 地质灾害灾情等级划分表

灾情等级	特大型	大型	中型	小型
死亡人数或失踪人数 n/人	$n \geqslant 30$	$10 \leqslant n < 30$	$3 \leqslant n < 10$	$n < 3$
直接经济损失 S/万元	$S \geqslant 1\ 000$	$500 \leqslant S < 1\ 000$	$100 \leqslant S < 500$	$S < 100$
注1：若以死亡人数或失踪人数和直接经济损失来确定的灾情等级不一致时，则以较高为准。 注2：灾区内同期群发地质灾害，可按合计的死亡人数或失踪人数和直接经济损失确定灾情等级。				

6.2 地质灾害灾情评估内容及方法

6.2.1 房屋灾情评估

a) 根据受灾区房屋结构类型和损毁情况，参考地方房屋重置费用及损毁率，计算各类房屋在某种破坏等级下的损失，具体计算可参照 DZ/T 0269—2014。

b) 所有破坏等级的房屋损失相加，得到该类房屋价值损失；所有结构类别房屋价值损失相加，得到房屋价值损失。

6.2.2 居民家庭财产灾情评估

a) 根据室内外财产重置费用计算各类室内外财产损失，具体计算可参照 DZ/T 0269—2014。

b) 所有室内外财产损失相加，得到居民财产损失。

6.2.3 农林牧渔业灾情评估

a) 农林牧渔业直接经济损失包括种植业、畜牧业、林业和农业机械直接经济损失。

b) 种植业直接经济损失包括耕地直接经济损失和农作物及经济作物直接经济损失。耕地直接经济损失分为复垦耕地直接经济损失和不可复垦耕地直接经济损失，根据地方市场耕地价值及修复所需费用，计算灾区耕地直接经济损失。所有种类作物的损失相加，得到农作物和经济作物直接经济损失。具体计算可参照 DZ/T 0269—2014。

c) 所有种类禽畜的损失相加，得到畜牧业直接经济损失。具体计算可参照 DZ/T 0269—2014。

d) 所有林木和林地的损失相加，得到林业直接经济损失。具体计算可参照 DZ/T 0269—2014。

e) 所有类别农业设施的损失相加，得到农业机械直接经济损失。具体计算可参照 DZ/T 0269—2014。

6.2.4 工业灾情评估

a) 工业经济损失包括受灾区内工业设施、工业原材料及工业产品等的直接经济损失。

b) 工业设施直接经济损失参照农业设施直接经济损失计算，工业原材料及工业产品直接经济损失参照农作物直接经济损失计算。

c) 工业灾情等级按照设施数量、功能影响和恢复时间等划分为以下四个等级：

——基本无灾：遭受地质灾害影响的工业设施数量不超过 5%，工业生产功能不受到影响。

——轻度受灾：遭受地质灾害影响的工业设施数量不超过 20%，工业生产功能基本不受影响。

——中度受灾：遭受地质灾害影响的工业设施数量不超过 50%，不超过 30%工业生产受到影响，局部工业生产中断，在一周内可恢复工业生产功能。

——重度受灾：遭受地质灾害影响的工业设施数量超过 50%，大范围工业生产停止，经抢修，需一周或更长的时间才能恢复功能。

6.2.5 服务业灾情评估

a) 服务业经济损失包括受灾区内所有批发与零售业、住宿和餐饮业、金融业、文化产业和其他服务业的直接经济损失。

b) 服务业建筑物价值损失参照房屋灾情评估，设施设备价值损失参照居民财产灾情评估。

c) 服务业灾情等级按照设施数量、功能影响和恢复时间等划分为以下四个等级：

——基本无灾：遭受地质灾害影响的服务业设施数量不超过 5%，区域服务业功能不受到影响。

——轻度受灾：遭受地质灾害影响的服务业设施数量不超过 20%，区域服务业功能基本不受影响。

——中度受灾：遭受地质灾害影响的服务业设施数量不超过 50%，不超过 30%区域公共服务业受到影响，局部服务业中断，在一周内可恢复服务功能。

——重度受灾：遭受地质灾害影响的服务业设施数量超过 50%，大范围服务业停止，经抢修，需一周或更长的时间才能恢复功能。

6.2.6 基础设施灾情评估

a) 基础设施损失包括受灾区内所有建筑物、交通、通信、能源、水利和市政设施的直接经济损失。

b) 基础设施建筑物价值损失参照房屋灾情评估，设施设备价值损失参照居民财产灾情评估。

c) 交通直接经济损失根据重置费用、绝对破坏长度及清理滑坡、塌方和修复支护所增加的费用计算，具体计算参照 DZ/T 0269—2014。

d) 基础设施灾情等级按照设施数量、功能影响和恢复时间等划分为以下四个等级：

——基本无灾：遭受地质灾害影响的基础设施数量不超过 5%，区域基础设施使用功能不受到影响。

——轻度受灾：遭受地质灾害影响的基础设施数量不超过 20%，区域基础设施使用功能基本不受影响。

——中度受灾：遭受地质灾害影响的基础设施数量不超过 50%，不超过 30%区域基础设施使用受到影响，局部基础设施使用中断，在一周内可恢复公共服务功能。

——重度受灾：遭受地质灾害影响的基础设施数量超过50%，大范围基础设施使用停止，经抢修，需一周或更长的时间才能恢复功能。

6.2.7 公共服务系统灾情评估

a) 公共服务系统经济损失包括受损结构建筑物价值损失和设施设备价值损失。

b) 受损结构建筑物价值损失参照房屋灾情评估，设施设备价值损失参照居民财产灾情评估。

c) 公共服务灾情等级按照设施数量、功能影响和恢复时间等划分为以下四个等级：

——基本无灾：遭受地质灾害影响的公共服务系统设施数量不超过5%，区域公共服务系统功能不受到影响。

——轻度受灾：遭受地质灾害影响的公共服务系统设施数量不超过20%，区域公共服务系统功能基本不受影响。

——中度受灾：遭受地质灾害影响的公共服务系统设施数量不超过50%，不超过30%区域公共服务系统受到影响，局部公共服务系统中断，在一周内可恢复公共服务功能。

——重度受灾：遭受地质灾害影响的公共服务系统设施数量超过50%，大范围公共服务系统停止，经抢修，需一周或更长的时间才能恢复功能。

6.2.8 资源环境灾情评估

a) 资源环境损失评估包括灾区内所有的自然保护区、矿产资源的直接经济损失以及由环境污染造成的直接经济损失。

b) 自然保护区、矿产资源的直接经济损失参照农林牧渔业直接经济损失计算；由环境污染造成的直接经济损失计算根据具体的内容参照上面内容。

7 地质灾害灾情调查评估报告

7.1 报告名称及内容

地质灾害灾情调查评估报告名称应以当次地质灾害的命名为核心词作为修饰，称为“××省（直辖市、自治区）××市（区）××地质灾害（或单一灾害类型，如：滑坡）灾情调查评估报告”。

7.2 报告大纲

报告大纲应包括以下内容：

一、地质灾害受灾区基本情况

二、地质灾害灾情调查

（一）地质灾害灾情调查内容

（二）地质灾害灾情调查方法

三、地质灾害灾情评估

（一）评估内容和原则标准

（二）地质灾害灾情等级

四、结论和防治建议

附 录 A
(规范性附录)
地质灾害基本情况调查表

表 A.1 给出了地质灾害基本情况的调查内容。

表 A.1 地质灾害基本情况调查表

地点：
如： 省(自治区、直辖市) 地(市) 县(市、旗、区) 乡(镇、街道) 自然村组

序号	时间				地点		灾害名称	灾区范围	灾区面积	地质灾害类型	地质灾害规模	地质灾害成因
	年	月	日	时	经度	纬度						
					(° ′ ″)							
填表人					审核人				填表日期			

注 1：经、纬度定点位置：崩塌定在崩塌后缘中部，滑坡定在滑坡后缘中部，泥石流定在出山口，地面塌陷、地裂缝、地面沉降定在其几何中心。

注 2：地质灾害类型：指崩塌、滑坡、泥石流、地面塌陷、地裂缝和地面沉降。

注 3：地质灾害规模：滑坡、崩塌、泥石流填写体积(m^3)；地面塌陷填写面积(m^2)；地面沉降填写面积(km^2)；地裂缝填写长度(km)。

注 4：地质灾害成因：自然成因应具体写明降雨、冻融、地震、重力作用等；人为成因应具体写明开挖坡脚、堆填加载、采矿、爆破、蓄水、排水、灌溉、水库或水渠渗漏等；多因素成因应具体写明各致灾因素。

附　录　B
(规范性附录)
人员损失情况调查表

表 B.1 给出了人员受灾情况的调查内容。

表 B.1　人员损失调查表

地点： 如：　省(自治区、直辖市)　地(市)　县(市、旗、区)　乡(镇、街道)　自然村组													
序号	时间				地点		总人口	受灾人数	死亡人数	失踪人数	受伤人数	紧急转移安置人数	需过渡性生活救助人数
	年	月	日	时	经度	纬度							
					(°　′　″)								
填表人					审核人				填表日期				

注 1：本表的逻辑校验公式：总人口≥受灾人数；受灾人数≥死亡人数＋重伤人数＋轻伤人数＋紧急转移安置人数＋需过渡性生活救助人数。

注 2：受灾人数：因地质灾害遭受损失的人口数量(含非常住人口)；死亡人数：因地质灾害为直接原因导致死亡的人口数量(含非常住人口)；失踪人数：因地质灾害为直接原因导致下落不明、暂时无法确认死亡的人口数量(含非常住人口)；受伤人数：因地质灾害为直接原因导致受伤的人口数量(含非常住人口)；紧急转移安置人数：因受到地质灾害威胁，由危险区域转移到安全区域的人口数量(含非常住人口)；需过渡性生活救助人数：因地质灾害导致房屋倒塌或严重损坏，无房可住、无生活来源、无自救能力，需政府在应急救助阶段结束后、恢复重建完成前予以解决基本生活困难的人口数量(含非常住人口)。

附　录　C
（规范性附录）
直接经济损失调查表

表C.1、表C.2给出了家庭财产直接经济损失调查内容，表C.3、表C.4、表C.5、表C.6、表C.7、表C.8分别给出了农林牧渔业、工业、服务业、基础设施、公共服务系统及资源环境的直接经济损失调查内容。

表C.1　房屋直接经济损失调查表

地点： 如：　省（自治区、直辖市）　地（市）　县（市、旗、区）　乡（镇、街道）　自然村组							
住户：							
损毁情况		结构类型					备注
损毁程度	计量	钢混	砖混	砖木	土木	其他	
一般损坏	房屋/间						
	面积/m^2						
	重置单价/（元/m^2）						
	直接经济损失/万元						
严重损坏	房屋/间						
	面积/m^2						
	重置单价/（元/m^2）						
	直接经济损失/万元						
倒塌	房屋/间						
	面积/m^2						
	重置单价/（元/m^2）						
	直接经济损失/万元						
填表人		审核人			填表日期		

注1：房屋损失指居民住宅用房。
注2：居民住宅用房直接经济损失调查以住户为单位，每调查一个住户点填写此表一张。
注3：重置单价指基于当地当前价格，修复、购置或重建与灾害发生前相同规模和标准的房屋单位面积所需的费用。

表 C.2 居民家庭财产直接经济损失调查表

<table>
<tr><td colspan="6">地点：
如： 省(自治区、直辖市) 地(市) 县(市、旗、区) 乡(镇、街道) 自然村组</td></tr>
<tr><td colspan="6">住户：</td></tr>
<tr><td>类别</td><td>项目</td><td>数量</td><td>单价/元</td><td>直接经济损失/元</td><td>备注</td></tr>
<tr><td rowspan="3">生产性固定资产</td><td></td><td></td><td></td><td></td><td></td></tr>
<tr><td></td><td></td><td></td><td></td><td></td></tr>
<tr><td></td><td></td><td></td><td></td><td></td></tr>
<tr><td rowspan="3">耐用消费品</td><td></td><td></td><td></td><td></td><td></td></tr>
<tr><td></td><td></td><td></td><td></td><td></td></tr>
<tr><td></td><td></td><td></td><td></td><td></td></tr>
<tr><td rowspan="3">其他财产</td><td></td><td></td><td></td><td></td><td></td></tr>
<tr><td></td><td></td><td></td><td></td><td></td></tr>
<tr><td></td><td></td><td></td><td></td><td></td></tr>
<tr><td>填表人</td><td></td><td>审核人</td><td></td><td>填表日期</td><td></td></tr>
<tr><td colspan="6">注 1:居民家庭财产直接经济损失调查以住户为单位,每调查一个住户点填写此表一张。
注 2:生产性固定资产:生产过程中使用年限较长、单位价值较高,并在使用过程中保持原有物质形态的资产。农村家庭生产性固定资产,需同时具备两个条件,即使用年限在 2 年以上,单位价值在 50 元以上,主要调查大中型拖拉机、小型和手扶拖拉机、机动拖拉机、联合收割机及农用水泵。
注 3:农村家庭耐用消费品:使用寿命较长、一般可多次使用并且用于生活消费的物品。主要调查组合家具、洗衣机、电冰箱、空调机、抽油烟机、自行车、摩托车、家用汽车、电话机、移动电话、照相机及家用电脑等。
注 4:城镇家庭耐用消费品:价值比较高、消费期较长的家用电器和家庭设备。主要调查组合家具、摩托车、助力车、家用汽车、洗衣机、电冰箱、电视机、家用电脑、组合音响、摄像机、照相机、钢琴、其他中高档乐器、微波炉、空调机、沐浴热水器、消毒碗柜、健身器材、固定电话、移动电话等。
注 5:其他财产:包括家庭室内装饰品、家庭设备(除上述规定的家庭耐用消费品外,价格在 200 元以上的设备)等。</td></tr>
</table>

表 C.3 农林牧渔业直接经济损失调查表

地点： 如： 省(自治区、直辖市) 地(市) 县(市、旗、区) 乡(镇、街道) 自然村组						
类别	项目	单位	数量	单价	直接经济损失/万元	备注
种植业	受灾面积	hm^2				农作物种类
	成灾面积	hm^2				农作物种类
	绝收面积	hm^2				农作物种类
	受损农业生产大棚面积	hm^2				农作物种类
林业	受灾面积	hm^2				林木种类
	成灾面积	hm^2				林木种类
	苗圃良种繁殖基地受灾面积	hm^2				苗圃良种种类
畜牧业	死亡牲畜	头(只)				牲畜大小、种类
	死亡畜禽	头(只)				畜禽大小、种类
	受损养殖场	个				养殖场类型
渔业	水产品损失量	t				水产品种类
	受损养殖场面积	hm^2				养殖场种类
	养殖设施	台(套)				养殖设施类别
农业设施	受损农业机械	台(套)				农业机械类别
填表人		审核人		填表日期		
注 1：表中项目一栏中各指标说明参照《特别重大自然灾害损失统计制度》中农业损失统计表中对指标的说明。 **注 2**：农业系统职工住宅用房和非住宅用房损失参照表 C.1 计算。						

表 C.4 工业直接经济损失调查表

地点： 如： 省(自治区、直辖市) 地(市) 县(市、旗、区) 乡(镇、街道) 自然村组					
企业名称：					
项目	单位	数量	单价	直接经济损失/万元	备注
倒塌厂房面积	m^2				
倒塌仓库面积	m^2				
受损设备设施	台(套)				
受损原材料					原材料种类
受损产成品					产成品种类
填表人		审核人		填表日期	
注 1：本表适用于采矿业(不包含煤炭开采和洗选业、石油和天然气开采业，此项损失计入《基础设施(能源)损失调查表》)、制造业、建筑业等工业直接经济损失调查。 **注 2**：工业系统职工住宅用房和非住宅用房损失参照表 C.1 计算。					

表 C.5　服务业直接经济损失调查表

地点：
如：　省（自治区、直辖市）　地（市）　县（市、旗、区）　乡（镇、街道）　自然村组

类别	项目	数量	单价	直接经济损失/万元	备注
批发与零售业	受损网点				网点类型
	受损设备设施				
	受损商品				
住宿和餐饮业	受损网点				网点类型
	受损设备设施				
金融业	受损网点				网点类型
	受损设备设施				
文体娱产业	受损网点				网点类型
	受损设备设施				
其他服务业	受损网点				网点类型
	受损设备设施				
填表人		审核人		填表日期	

注 1：本表适用于非公共服务业损失的调查，包括批发与零售业、住宿和餐饮业、金融业、文体娱产业及其他服务业。其中，其他服务业包括仓储业、信息传输/软件和信息技术服务业、房地产业、租赁和商务服务业、居民服务/修理服务业等。
注 2：服务业系统职工住宅用房和非住宅用房损失参照表 C.1 计算。

表 C.6　基础设施直接经济损失调查表

<table>
<tr><td colspan="7">地点：
如：　　省(自治区、直辖市)　　地(市)　　县(市、旗、区)　　乡(镇、街道)　　自然村组</td></tr>
<tr><td>类别</td><td>项目</td><td>单位</td><td>数量</td><td>单价</td><td>直接经济损失/万元</td><td>备注</td></tr>
<tr><td rowspan="4">公路</td><td>损毁里程</td><td>km</td><td></td><td></td><td></td><td>公路等级</td></tr>
<tr><td>受损客运站</td><td>个</td><td></td><td></td><td></td><td></td></tr>
<tr><td>受损货运站</td><td>个</td><td></td><td></td><td></td><td></td></tr>
<tr><td>受损服务区</td><td>个</td><td></td><td></td><td></td><td></td></tr>
<tr><td rowspan="3">铁路</td><td>损毁里程</td><td>km</td><td></td><td></td><td></td><td></td></tr>
<tr><td>受损客运站</td><td>个</td><td></td><td></td><td></td><td></td></tr>
<tr><td>受损货运站</td><td>个</td><td></td><td></td><td></td><td></td></tr>
<tr><td rowspan="3">通信设施</td><td>受损通信网</td><td>个</td><td></td><td></td><td></td><td></td></tr>
<tr><td>受损通信枢纽</td><td>个</td><td></td><td></td><td></td><td></td></tr>
<tr><td>受损邮政网点</td><td>个</td><td></td><td></td><td></td><td></td></tr>
<tr><td rowspan="3">能源设施</td><td>受损电网设施</td><td>台</td><td></td><td></td><td></td><td></td></tr>
<tr><td>受损发电设施</td><td>台</td><td></td><td></td><td></td><td></td></tr>
<tr><td>受损油气设施</td><td>台(个)</td><td></td><td></td><td></td><td></td></tr>
<tr><td rowspan="2">水利设施</td><td>受损水利基础设施</td><td>台(个)</td><td></td><td></td><td></td><td></td></tr>
<tr><td>受损人饮工程</td><td>个</td><td></td><td></td><td></td><td></td></tr>
<tr><td rowspan="5">市政设施</td><td>受损市政道路交通</td><td>km</td><td></td><td></td><td></td><td></td></tr>
<tr><td>受损市政供水排水</td><td>km</td><td></td><td></td><td></td><td></td></tr>
<tr><td>受损市政供气供热</td><td>km</td><td></td><td></td><td></td><td></td></tr>
<tr><td>受损市政垃圾处理</td><td>个</td><td></td><td></td><td></td><td></td></tr>
<tr><td>受损城市绿地</td><td>hm^2</td><td></td><td></td><td></td><td></td></tr>
<tr><td>填表人</td><td></td><td>审核人</td><td></td><td>填表日期</td><td colspan="2"></td></tr>
<tr><td colspan="7">**注**：基础设施部门职工住宅用房和非住宅用房损失参照表 C.1 计算。</td></tr>
</table>

表 C.7 公共服务系统直接经济损失调查表

地点： 如： 省(自治区、直辖市) 地(市) 县(市、旗、区) 乡(镇、街道) 自然村组						
类别	项目	单位	数量	单价	直接经济损失/万元	备注
教育	受损机构	个				机构类型
	受损设施设备	台(个)				
科技	受损机构	个				
	受损设施设备	台(个)				
医疗卫生	受损机构	个				
	受损设施设备	台(个)				
文化	受损机构	个				
	受损设施设备	台(个)				
广电	受损机构	个				
	受损设施设备	台(个)				
体育	受损机构	个				
	受损设施设备	台(个)				
自然文化遗产	受损机构	个				
	受损设施设备	台(个)				
其他公共服务系统	受损机构	个				
	受损设施设备	台(个)				
填表人		审核人		填表日期		
注：公共服务系统职工住宅用房和非住宅用房损失参照表 C.1 计算。						

表 C.8 资源环境直接经济损失调查表

地点： 如： 省(自治区、直辖市) 地(市) 县(市、旗、区) 乡(镇、街道) 自然村组					
项目	单位	数量	单价	直接经济损失/万元	备注
受损自然保护区	个				保护区级别
毁坏矿产资源面积	hm^2				矿产资源种类
环境污染面积	hm^2				环境污染类型
填表人		审核人		填表日期	
注：环境污染包括地表水污染和土壤污染。					

附 录 D
(资料性附录)
地质灾害灾情汇总统计

表 D.1 给出了地质灾害灾情汇总统计内容。

表 D.1 地质灾害灾情汇总表

<table>
<tr><td colspan="12">地点：
如：　省(自治区、直辖市)　地(市)　县(市、旗、区)　乡(镇、街道)　自然村组</td></tr>
<tr><td colspan="12">地质灾害类型：　发生时间：　发生地点：　灾害规模：</td></tr>
<tr><td colspan="3">项目</td><td colspan="3">类别</td><td colspan="3">单位</td><td colspan="3">总计</td></tr>
<tr><td colspan="3" rowspan="5">人员受灾</td><td colspan="3">死亡人数</td><td colspan="3">人</td><td colspan="3"></td></tr>
<tr><td colspan="3">失踪人数</td><td colspan="3">人</td><td colspan="3"></td></tr>
<tr><td colspan="3">受伤人数</td><td colspan="3">人</td><td colspan="3"></td></tr>
<tr><td colspan="3">紧急转移安置人数</td><td colspan="3">人</td><td colspan="3"></td></tr>
<tr><td colspan="3">需过渡性生活救助人数</td><td colspan="3">人</td><td colspan="3"></td></tr>
<tr><td colspan="3" rowspan="8">直接经济损失</td><td colspan="3">居民房屋损失</td><td colspan="3">万元</td><td colspan="3"></td></tr>
<tr><td colspan="3">居民家庭财产损失</td><td colspan="3">万元</td><td colspan="3"></td></tr>
<tr><td colspan="3">农林牧渔业损失</td><td colspan="3">万元</td><td colspan="3"></td></tr>
<tr><td colspan="3">工业损失</td><td colspan="3">万元</td><td colspan="3"></td></tr>
<tr><td colspan="3">服务业损失</td><td colspan="3">万元</td><td colspan="3"></td></tr>
<tr><td colspan="3">基础设施损失</td><td colspan="3">万元</td><td colspan="3"></td></tr>
<tr><td colspan="3">公共服务系统损失</td><td colspan="3">万元</td><td colspan="3"></td></tr>
<tr><td colspan="3">资源环境损失</td><td colspan="3">万元</td><td colspan="3"></td></tr>
<tr><td colspan="2">填表人</td><td colspan="2"></td><td colspan="2">复核人</td><td colspan="2"></td><td colspan="2">填表日期</td><td colspan="2"></td></tr>
</table>